法国儿童图解·小·百科

呀！神奇的动物 (上)

[法]克莱尔·查伯特　[法]丹妮尔·罗比绍　著
法国微度视觉　绘
大南南　译

华东师范大学出版社
·上海·

动物世界

动物是一种生物，它们依靠水、氧气*和食物来生存。

生物分类学是一门将所有生物进行分类的科学。动物的分类等级从大到小依次是门、纲、目、科、属、种。例如，灰狼属于脊索动物门哺乳纲食肉目犬科犬属狼种。人们也会根据动物的习性、形态和结构特点进行分类，例如将动物分为哺乳类、鸟类、爬行类、鱼类、节肢类、两栖类、软体类、甲壳类等。

你知道世界上已经被人类发现的动物有多少种吗？

答案是**大约150万种！**

带*的词请参阅第48页的词汇表。

什么是**哺乳动物**？
mammal

几乎所有的哺乳动物都是胎生的。哺乳动物在幼年时都需要喝妈妈乳腺分泌的乳汁来长大。人属于哺乳动物！

它们身上有毛发。

哺乳动物是恒温动物★。

它们用肺呼吸。

3

什么是鸟?
bird

鸟身上覆盖着羽毛。大多数鸟都有翅膀,可以飞行。有些鸟虽然有翅膀,但是它们不会飞,比如鸵鸟和鸸鹋。

大多数鸟类在产卵后会孵卵,目的是给卵保温,以便孵出幼鸟。

鸟没有牙齿,但是长着符合其食性的喙。

它们是恒温动物。

吃不同食物的鸟长着不同的喙

种子
seed

花蜜
nectar

昆虫
insect

肉类
meat

什么是爬行动物?
reptile

爬行动物的皮肤干燥,身体表面覆盖着鳞或甲。

它们是变温动物,体温会随着环境温度的变化而变化。

它们用肺呼吸。

雌性爬行动物一般会产卵。
爬行动物完全不或者极少抚养后代,它们的宝宝自行发育成长。

什么是鱼?
fish

鱼是变温动物。

它们用鳃*呼吸。

它们的身体通常覆盖着鳞片,长有鳍。

什么是昆虫?
insect

昆虫的头上长着触角,有翅膀,有6条腿。

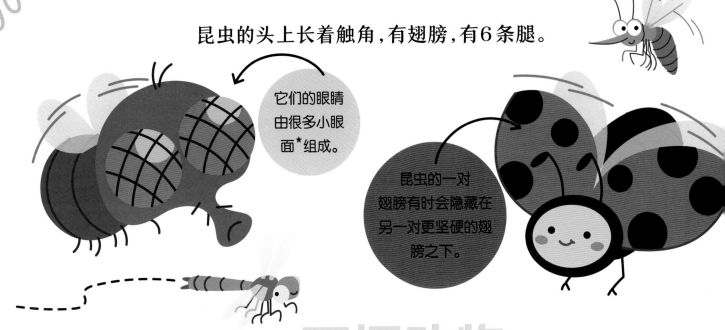

它们的眼睛由很多小眼面*组成。

昆虫的一对翅膀有时会隐藏在另一对更坚硬的翅膀之下。

什么是两栖动物?
amphibian

两栖动物在水中出生,幼体一般呈蝌蚪形态,像鱼一样用鳃呼吸。

成年后,两栖动物一般用肺呼吸,大多生活在陆地上,当然也能在水中活动。

它们的皮肤总是湿漉漉的。

什么是软体动物？
mollusc

软体动物没有脊椎，它们用坚硬的外壳来保护自己柔软的身体。

贝类会产出珍珠质，珍珠质是一种坚硬的反光物质。珍珠是由小沙粒被珍珠质层层覆盖形成的。

什么是甲壳动物？
crustacean

甲壳动物的"骨骼"不长在身体里面，而是长在身体外面！

它们的外壳不会随着身体生长。所以，当它们的身体长大了，外壳装不下的时候，它们就会剥离旧壳，再长出一个新壳。

蚺蛇
boa

金刚鹦鹉
macaw

老虎
tiger

热带雨林
tropical rainforest

热带雨林是很重要的自然保护区。这里生活着全世界超过一半的物种。在热带雨林中，远离地面的树枝和树叶构成了一个大顶层，这个顶层被称为林冠层。

巨嘴鸟
toucan

树懒
sloth

林冠层中生活着许多不同种类的猴子。

热带雨林中生长着五颜六色的兰花。

雨林相当于地球的肺，因为它们调节着空气中的气体交换。

老虎

☑ 哺乳动物
☑ 食肉动物

tiger

老虎是大型猫科动物！它们的皮毛是橙黄色的，夹杂着黑色的条纹，这可以让它们在丛林中能轻松地将自己伪装起来，不被发现，从而更容易抓住猎物。

老虎和宠物猫是同类，都属于猫科动物。

老虎在昏暗的光线中也能看见物体。

每只老虎都有自己独一无二的皮毛纹路。

雌虎每次会生下2~4只幼崽，并用乳汁喂养。

它们还是游泳高手。

金刚鹦鹉
macaw

- ✓ 鸟类
- ✓ 食谷和食果动物

这种色彩缤纷的大鹦鹉生活在南美洲的热带雨林中。

它们有一张大大的喙，可以用来啄水果和坚果的硬壳。

箭毒蛙
arrow-poison frog

- ✓ 两栖动物
- ✓ 食虫动物

它们的皮肤会分泌一种有毒的*黏液。这种黏糊糊的物质能让靠近它们的动物中毒。

这种蛙主要生活在地面上，有时也会出现在树上。

箭毒蛙的脚趾上有吸盘*，这可以让它们紧紧地抓住植物的表面。

11

闪蝶
morpho

✓ 昆虫
✓ 食果动物

这种美丽的热带蝴蝶拥有散发着蓝色金属光泽的翅膀，翅膀的边缘是黑色的。

它们的触角和脚可以用来品尝食物和闻味道。

用显微镜放大可以看到蝴蝶翅膀上的鳞片视图。

它们的独特颜色不是因为色素*才呈现出来的，而是因为翅膀上细小的鳞片反射了光线。

闪蝶并不是生下来就是蝴蝶的形态！它们在变成有翅膀的昆虫之前会经历变态发育的过程。

雌性蝴蝶会在一片叶子上产下数百粒卵。

几周之后，一条条毛毛虫会从卵里孵化出来。

毛毛虫为了长身体，要进食大量嫩嫩的树叶。

毛毛虫在生长过程中会经历多次蜕皮。

毛毛虫会用丝将自己挂在叶子背面隐蔽的地方，它的身体会化成蛹。

当变态发育完成后，蝴蝶破蛹而出，开始自己的成年生活。

斑马
zebra

长颈鹿
giraffe

狮子
lion

草原动物
grassland animal

  草原面积辽阔,植被主要是高高的草丛和灌木,这为成群的食草动物提供了食物。

鸵鸟
ostrich

猎豹
cheetah

大象
elephant

猴面包树生长在非洲大草原等地方,寿命大约可达5000年。

非洲大草原上只有两个季节:旱季和雨季。

牛椋鸟栖息在大型食草动物身上,以它们皮毛中的寄生虫为食。

长颈鹿
giraffe

☑ 哺乳动物
☑ 食草动物

作为陆地上最高的动物，它们拥有的颈椎骨的数量并不比其他哺乳动物多。它们和你一样，有 7 块颈椎骨！

它们可以吃到一些大树顶端的树叶，而这一点是其他的草原动物做不到的。

它们的大心脏有泵血功能，可以将血液一直输送到它们距离地面约4~6米高的头部。

大象
elephant

☑ 哺乳动物
☑ 食草动物

非洲象是陆地上最大的哺乳动物。

它们会扇动大耳朵来降低体温。

它们用长长的鼻子来呼吸、洗澡、挠痒痒、亲亲、抱抱……

猎豹
cheetah

✓ 哺乳动物
✓ 食肉动物

非洲猎豹是世界上跑得最快的动物。它们在追捕猎物的时候，可以达到110千米/小时的速度。这和小汽车的速度一样快！

猎豹的叫声像鸟鸣声，它们不会吼叫。

猎豹的爪子一直是外露的，这让它们在奔跑时能更好地抓住地面。

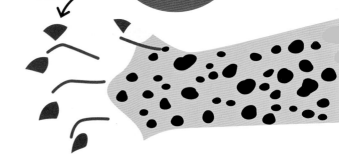

你能把下面的猫科动物和它们的皮毛匹配起来吗？

A 猎豹 cheetah　　**B 老虎** tiger　　**C 美洲豹** jaguar

①

②

③

答案：A:3、B:1、C:2

17

鸵鸟

☑ 鸟类
☑ 杂食动物

ostrich

　　鸵鸟是世界上体型最大的鸟类,但是它们不会飞。这是因为它们的翅膀对于它们庞大的身体和骨骼来说太小了。

1个鸵鸟蛋大约和25个鸡蛋一样重!

它们是赛跑高手,大腿上有发达的肌肉,奔跑速度最快可以达到72千米 / 小时。

鸵鸟会吃一些小石子,这可以帮助它们消化食物。

鸵鸟喜欢洗沙土浴。

斑马
zebra

✓ 哺乳动物
✓ 食草动物

斑马是一种性格温和的动物，它们以家庭为单位生活。一个斑马家庭通常由一个爸爸、数个妈妈和它们的孩子组成。

斑马身上的黑白条纹可以驱赶苍蝇。每只斑马都有自己独一无二的皮毛条纹，就像你的指纹一样。

狮子
lion

✓ 哺乳动物
✓ 食肉动物

这种体型庞大的猫科动物是草原之王。

公狮大部分时间都在睡觉。出去捕猎的一般是母狮，它们喂养了整个狮群。

公狮有一头令人赞叹的浓密鬃毛。

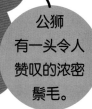

蝙蝠
bat

狐狸
fox

熊
bear

森林动物
forest animal

在温带森林里，当寒冷或干旱的季节来临时，一些植物的叶子会纷纷脱落，我们称这种植物为落叶植物。有一些植物的叶片可以保持一年以上的时间不脱落，我们称这样的植物为常绿植物。

猫头鹰
owl

啄木鸟
woodpecker

狼
wolf

竹子不是树而是草，它与小麦、燕麦、玉米同属一科。

球果是针叶树的果实，里面有种子。

我们把覆盖于森林地面的由落叶等组成的物质层称为"地被层"。

蝙蝠
bat

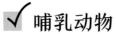
☑ 哺乳动物
☑ 食果和食肉动物

蝙蝠是唯一真正拥有飞行能力的哺乳动物，它们经常倒挂在树上。

它们的翅膀实际上是前肢。翅膀表面覆盖着一层薄薄的皮膜。

绝大多数蝙蝠以昆虫为食，但有些种类的蝙蝠以水果为食，比如狐蝠。

蝙蝠在夜间捕食。

它们有时用翅膀来捕捉昆虫，然后送到自己的嘴里。

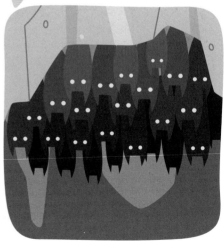

蝙蝠会成百上千地聚集在山洞里。

猫头鹰
owl

✓ 鸟类
✓ 食肉动物

这种猛禽会在夜间捕捉猎物。

猫头鹰黄色的大眼睛不能转动，它只有不停地转动头部才能发现小动物的踪迹。

狐狸
fox

✓ 哺乳动物
✓ 食肉动物

人们常说它们很狡猾，因为它们不仅聪明，还具有敏锐的听觉、视觉和嗅觉。

这种食肉动物会捕食各种各样的小动物：老鼠、兔子、松鼠，甚至还有鸟类。

狼
wolf

☑ 哺乳动物
☑ 食肉动物

狼群通常由同一家庭的成员组成。一般情况下，只有经验最丰富并且最强壮的头狼夫妇才有权繁衍后代。

为了相互交流，它们会吠叫、低吼，并把牙齿咬得咯咯响。而且，它们喜欢在夜里嚎叫。

嗷呜呜呜呜！

成年狼会挖洞来保护幼崽，自己也会在洞穴里休息。

嗷！嗷！
嗷嗷嗷！

狼不仅喜欢群居,还会集体狩猎!
正所谓"狼多力量大"。

为了对付一只比它们体型大的猎物,狼会分工合作。

如果一头驯鹿落单了,狼群会迅速围住它。

25

啄木鸟
woodpecker

☑ 鸟类
☑ 食虫动物

笃笃笃！啄木鸟用自己的喙啄树钻洞。

它们的头骨保护它们的大脑免受反复啄树的冲击。

它们用长长的舌头来捕捉昆虫。它们的舌头表面覆盖着一些倒刺和黏液。

鸟是怎么飞的？

大多数鸟类的骨头是空心的，这让体重变得更轻一些。

我们把翅膀最外侧的一列羽毛称为"飞羽"。

翅膀的形状使气流从翅膀下穿过时，产生一种向上的力。

熊
bear

☑ 哺乳动物
☑ 杂食动物

熊是一种独居性动物，它们是在森林里生存的专家。它们会跑，会游泳，甚至还会爬树。

母熊会在自己的洞穴里生产约2只小熊，然后独自抚养幼崽。它在保护小熊的时候会变得非常凶猛。

熊会直接用嘴巴在灌木丛中采食浆果。

它们有时会站在河里，用自己大大的熊掌来抓鱼。

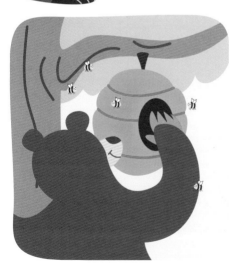

它们还会毫不犹豫地爬到树上盗取蜜蜂幼虫。

羊驼
alpaca

岩羚羊
chamois

高山动物
alpine animal

　　高山氧气稀薄，气温低。山地地形陡峭，很多地方高低不平。所有生活在山区的物种都适应了这些极其特殊的环境。

金雕
golden eagle

大熊猫
panda

盘羊
argali

一些鸟类会直接在悬崖、山壁附近筑巢，比如游隼。

岩羚羊、羊驼和盘羊的羊蹄能紧紧地抓住岩壁。

高山上有许多石子，很少有植被生长。

大熊猫
panda

✓ 哺乳动物
✓ 杂食动物

大熊猫栖息于高山深谷中,它们一般以竹子为食,偶尔也食肉。

它们每天有10多个小时都在进食。

它看起来有6根手指,但"第6根手指"其实不是手指,而是一个没有骨头的肉垫,可以让它稳稳地握住竹子。

羊驼
alpaca

✓ 哺乳动物
✓ 食草动物

羊驼主要生活在南美洲的高山上。它们是一种温和的动物,如果它们吐口水,肯定是为了进行自我防卫或是发泄情绪。

它们的头看起来像骆驼的头。

它们吃进植物后,会像牛那样反刍★,然后把咀嚼后的小草丸重新吞咽下去消化。

金雕
golden eagle

✓ 鸟类
✓ 食肉动物

金雕能看见大约3千米以外的猎物。

它们能以320千米/小时左右的速度冲向猎物，像小飞机一样。

鹰爪★的后趾长度为6~7厘米，跟你的小手差不多长。

刚出壳的小鹰全身长满了白色的绒羽。

金雕会搭建特别大的鹰巢。

青蛙
frog

鳄鱼
crocodile

湿地动物
wetland animal

　　湿地是长期被水浸泡的洼地、沼泽等，那里物种丰富，生态却很脆弱，这里的生物多样性需要得到良好的保护。

海狸
beaver

火烈鸟
flamingo

湿地既有淡水水域,也有咸水水域。

它们一般位于河流、湖泊和海洋附近。

湿地可能会干涸一段时间,然后再次湿润。

火烈鸟

flamingo

- ✓ 鸟类
- ✓ 杂食动物

人们经常看到火烈鸟单腿站立，它们那是在休息。

它们用喙过滤掉泥浆，留下虾和藻类。它粉红色的羽毛便和这些食物有关。

它们会把头埋在羽毛里睡觉。

鳄鱼

crocodile

- ✓ 爬行动物
- ✓ 食肉动物

鳄鱼强有力的上下颚上布满了锋利的牙齿。

它们的皮肤上长着厚实的鳞片。

它们的趾间有蹼。

海狸
beaver

☑ 哺乳动物
☑ 食草动物

一只海狸每年能啃倒将近200棵树。

它们的尾巴宽大,肌肉发达,在水中起舵的作用,在陆地上起支撑的作用。

当它们潜入水下的时候,鼻孔和耳朵会紧闭起来。

海狸会建造令人惊叹的堤坝。

海狸窝的入口是位于水下的。

海狸的牙齿一生都在生长,从未间断过。

35

海豚
dolphin

海马
sea horse

双髻鲨
hammerhead shark

海洋动物
marine animal

海洋覆盖了地球表面70%以上的区域。这些广阔的咸水水域暗藏着许多神秘的物种。大部分海洋动植物都生活在海平面以下200米的范围内。

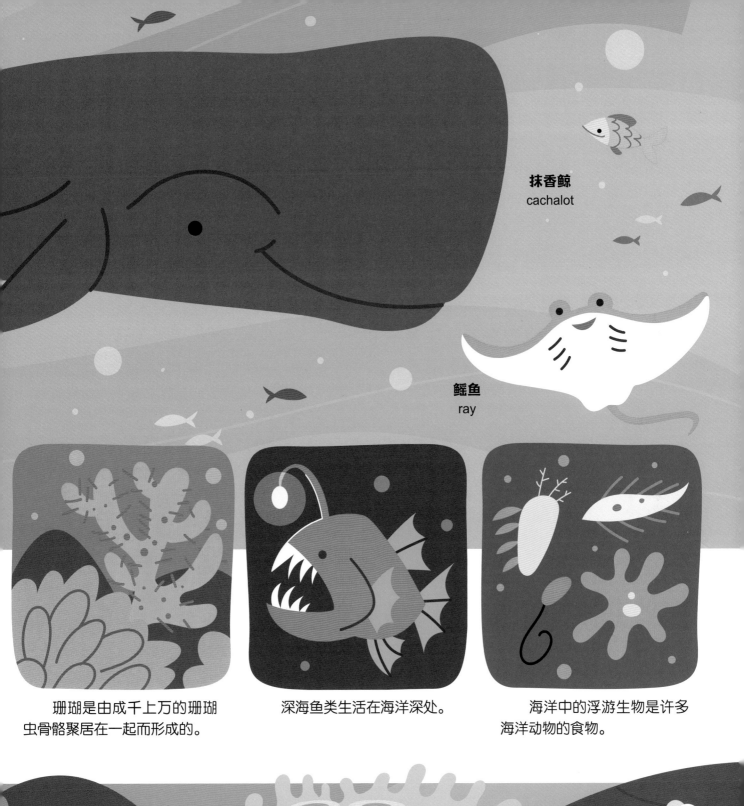

抹香鲸
cachalot

鳐鱼
ray

珊瑚是由成千上万的珊瑚
虫骨骼聚居在一起而形成的。

深海鱼类生活在海洋深处。

海洋中的浮游生物是许多
海洋动物的食物。

棱皮龟
leatherback

✓ 爬行动物
✓ 杂食动物

棱皮龟是地球上体型最大的爬行动物之一，身长能达到2米。

它们的外壳并不像其他龟类一样由龟甲构成，而是一层厚厚的皮肤。

它们有长长的鳍状肢，为它们在水中移动提供动力。

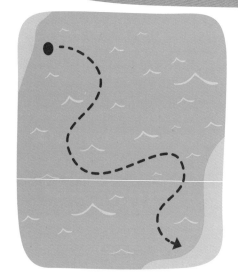

棱皮龟能横渡海洋。

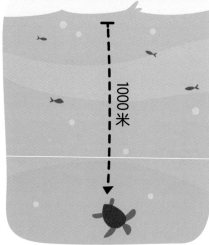

1000米

它们可以潜到离水面1000多米的水下。

它们能在水下屏住呼吸超过1个小时。

抹香鲸
cachalot

☑ 哺乳动物
☑ 食肉动物

抹香鲸以家庭为单位群居,它们用声音进行交流,来告诉彼此枪乌贼或鱼类等食物的所在之处。

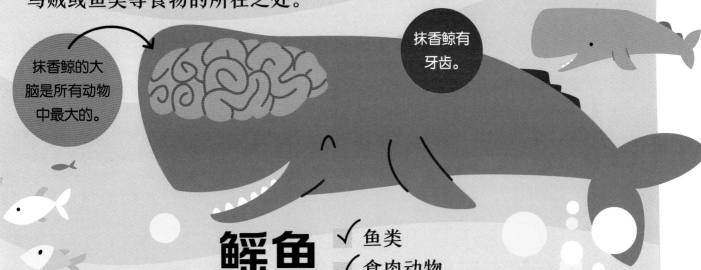

抹香鲸的大脑是所有动物中最大的。

抹香鲸有牙齿。

鳐鱼
ray

☑ 鱼类
☑ 食肉动物

这种扁平的鱼身体呈菱形。它们游泳的时候就像在飞行一样。

它们的眼睛长在头部上方,而嘴长在腹部。

有些种类的鳐鱼能放电,有的还长有毒刺。

海马
sea horse

☑ 鱼类
☑ 食肉动物

这种奇特的鱼看起来像一匹马。它们会通过摆动背鳍和胸鳍来直立游泳。

它们用管状的嘴来吸取食物，还会通过变色来伪装自己。

它们的寿命是3~4年。

雄海马负责生孩子。

它们的游泳速度非常慢。

它们有螺旋形的尾巴，能钩住海藻。

海豚
dolphin

✓ 哺乳动物
✓ 食肉动物

海豚以高智商而闻名。

人们可以看见海豚成群地跳出水面，跟在船只后面玩耍。

海豚能学会很多复杂的动作，还拥有不错的记忆力。

双髻鲨
hammerhead shark

✓ 鱼类
✓ 食肉动物

这种鲨鱼独特的头部结构能帮它们准确地定位鳐鱼等其他鱼类的位置。

它们双眼之间的距离很远，这让它们能清楚地看到周围的情况。

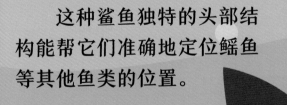

企鹅
penguin

北极熊
polar bear

极地动物
polar animal

　　尽管极地地区普遍寒冷,但许多物种还是找到了在那里生存并繁衍的方法。极地地区有时全是黑夜,有时太阳又几乎不落山。

雪鸮
snowy owl

海豹
seal

海象
walrus

冰山从冰盖或冰架上脱落下来,漂浮在水面上。

极地地区的天空有时会出现极光,像是空中飘浮着起舞的彩带。

有些鸟类会在夏天的时候向极地地区迁徙。

企鹅
penguin

✓ 鸟类
✓ 食肉动物

这种海鸟大多生活在南极洲，那是地球上最寒冷的地方！

它们不能飞，
但它们的趾间有蹼，
而且身体线条流畅，
是游泳健将。

它们潜入
水中，主要以
磷虾、小鱼等为食，
能在水下憋气
20分钟左右。

有时，成千上万只企鹅会
聚集在一起。

它们能像鸭子一样在水
面上游泳。

小企鹅通过叫声来辨认
自己的父母。

海象
walrus

- ✓ 哺乳动物
- ✓ 食肉动物

这种体型庞大的海洋哺乳动物长着象牙质地的獠牙。雄海象的獠牙通常会更长一些。

它们主要以软体动物为食。它们的小胡子可以帮它们找到食物，这些胡子被我们称为"触须"。

海豹
seal

- ✓ 哺乳动物
- ✓ 食肉动物

海豹的全身覆盖着一层皮毛，它们有着漂亮的头、可爱的小胡须和温柔的眼睛，看起来像狗。

母海豹会在陆地或者冰盖上生下小海豹。

它们只有把头从水里伸出来才能呼吸。

它们主要以鱼为食。

45

雪鸮

✓ 鸟类
✓ 食肉动物

snowy owl

这种美丽的猫头鹰有着白色的羽翼，上面点缀着棕色的斑点，它们是一种候鸟。

这种猛禽有一双锐利的眼睛，眼睛周围有一圈细小的羽毛，能捕捉声音，准确地判断出老鼠和其他小动物的方位。

那层层的羽毛下面有保暖的绒羽，一直覆盖到爪子。

它们的爪尖有2.5~3.5厘米长！

在放大镜下

magnifier

有些动物非常小,小到你需要用放大镜,甚至是显微镜才能看到它们!

浮游动物生活在水中。它们既是鱼类的食物,也是海鸟和鲸的食物。

螨虫看起来像一只微型蜘蛛!它们以死皮为食。房间的灰尘中有成千上万只螨虫。

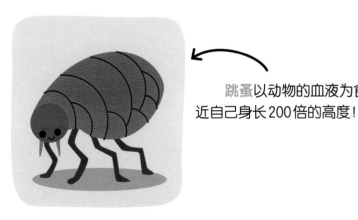

跳蚤以动物的血液为食。它们能跳到接近自己身长200倍的高度!

蜱虫用头勾住宿主的皮肤,然后刺穿宿主的皮肤来吸食其血液。

词汇表

氧气(oxygen):存在于空气和水中的气体,是呼吸和维持生命的必需品。

恒温动物(homothermal animal):能够将体温维持在一定范围内的动物,一般情况下,其体温与周围环境温度没有直接关系。

鳃(gill):能让水生动物从水里吸收氧气的器官。

小眼面(ommatidium):组成昆虫复眼的小眼。

有毒的(poison):会产生毒素的。

吸盘(suction cup):能让身体吸附在其他物体表面的圆盘形器官。

色素(pigment):赋予皮肤、毛发、眼睛等颜色的物质。

反刍(ruminate):动物咀嚼和吞下食物,然后让食物又重新回到口腔,再被咀嚼一遍。

爪(claw):鸟兽的脚趾或趾甲。